紫竹院公园
常见鸟类及昆虫

北京市紫竹院公园管理处 ▫ 编

中国林业出版社

图书在版编目（CIP）数据

紫竹院公园常见鸟类及昆虫 / 北京市紫竹院公园管理处编. -- 北京：中国林业出版社，2016.11
ISBN 978-7-5038-8775-8

Ⅰ．①紫… Ⅱ．①北… Ⅲ．①紫竹院公园－鸟类－普及读物②紫竹院公园－昆虫－普及读物 Ⅳ.①Q959.7-49②Q96-49

中国版本图书馆CIP数据核字（2016）第269766号

中国林业出版社·生态保护出版中心
责任编辑　李敏　贺娜

出	版	中国林业出版社（100009 北京市西城区德胜门内大街刘海胡同 7 号） 网址：www.lycb.forestry.gov.cn　　电话：(010) 83143575
发	行	中国林业出版社
印	刷	北京卡乐富印刷有限公司
版	次	2017 年 1 月第 1 版
印	次	2017 年 1 月第 1 次
开	本	880mm×1230mm　1/32
印	张	3.875
字	数	112 千字
定	价	39.00 元

紫竹院公园常见鸟类及昆虫

编写人员

主　　编　范卓敏

副主编　陈　卫　李　敏　吴西蒙

参加人员（以姓氏笔画为序）

　　　　　刘玉英　李　敏　吴西蒙

　　　　　张裕珍　范卓敏　范　蕊

　　　　　陈　卫　郭亚清

前　言

f o r e w o r d

　　紫竹院公园位于北京市海淀区白石桥附近，即北京首都体育馆西侧。公园始建于 1953 年，因园内西北部有明清时期庙宇"福荫紫竹院"而得名。全园占地 45.73hm^2，其中水面约占三分之一。南长河、双紫渠穿园而过，形成三湖两岛一堤的基本格局。它是一座幽篁百品、翠竿累万、以竹造景、以竹取胜的自然式山水园。自 2006 年 7 月 1 日起，紫竹院公园对游客免费。

　　紫竹院公园突出以植物造景为主，是以竹为特色的公园。园中植物达 300 余种，其中竹子达百余种。公园植物中乔木、灌木、竹类、花卉及草坪有机配置，南北湖荷花荡漾，宽阔的大湖成为游人乘船游览的水域场所。公园丰富的植物及水资源创建了生物多样性，吸引了大量野生鸟类及昆虫；同时公园景观经过几十年的不断提升，优美和谐的自然景观为鸟类及昆虫的生存、繁衍创造了良好的生态环境。自 2003 年，在首都师范大学生命科学学院的大力支持与帮助下，经过公园专业技术人员十多年的共同努力，对鸟类在公园中的生活状况及栖息特点进行了观察记录，为本书的编写奠定了基础。

　　本书主要是对紫竹院公园活动的鸟类进行了整理，描述了这些鸟的特征和主要习性，尤其是描述了公园常见鸟活动的范围和地点，同时对公园常见部分昆虫的形态特征进行了总结，为好奇心极强的中小学生及其爱好者近距离认识鸟类及昆虫提供了帮助。书中，鸟类排序是按照郑光美的《世界鸟类分类分布名录》编排，昆虫排序是按照徐公天的《中国园林害虫》编排。

　　本书编写过程中，得到了首都师范大学生命科学学院陈卫教授热情指导与帮助；首都师范大学生命科学学院 2012 级张裕珍、张玉、金畅、谢丹、邹蓉、张林源、王萍、郭雪、黄金兰、曾传文等同学参与了鸟类调查和资料整理；同时得到了周又红、许联瑛、卢雁平等专家的指导；北京市紫竹院公园园林科技科及相关科室的同仁也付出了艰辛。在此对他们的帮助与指导一并表示感谢！

　　由于编写水平所限，疏漏和错误在所难免，对于书中存在的问题和不足之处，望领导和各方同仁、朋友批评指正，以便我们及时修订。

编著者

2016 年 10 月

目 录

C O N T E N T S

紫竹院公园鸟类位置图

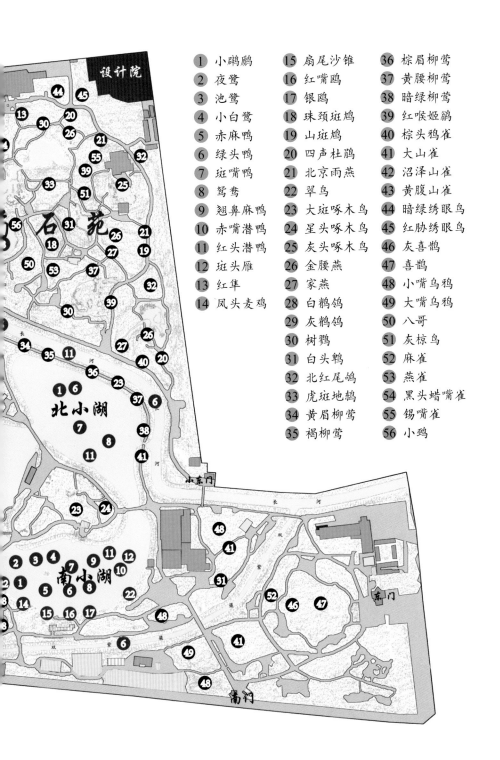

设计院

① 小䴙䴘
② 夜鹭
③ 池鹭
④ 小白鹭
⑤ 赤麻鸭
⑥ 绿头鸭
⑦ 斑嘴鸭
⑧ 鸳鸯
⑨ 翘鼻麻鸭
⑩ 赤嘴潜鸭
⑪ 红头潜鸭
⑫ 斑头雁
⑬ 红隼
⑭ 凤头麦鸡

⑮ 扇尾沙锥
⑯ 红嘴鸥
⑰ 银鸥
⑱ 珠颈斑鸠
⑲ 山斑鸠
⑳ 四声杜鹃
㉑ 北京雨燕
㉒ 翠鸟
㉓ 大斑啄木鸟
㉔ 星头啄木鸟
㉕ 灰头啄木鸟
㉖ 金腰燕
㉗ 家燕
㉘ 白鹡鸰
㉙ 灰鹡鸰
㉚ 树鹨
㉛ 白头鹎
㉜ 北红尾鸲
㉝ 虎斑地鸫
㉞ 黄眉柳莺
㉟ 褐柳莺

㊱ 棕眉柳莺
㊲ 黄腰柳莺
㊳ 暗绿柳莺
㊴ 红喉姬鹟
㊵ 棕头鸦雀
㊶ 大山雀
㊷ 沼泽山雀
㊸ 黄腹山雀
㊹ 暗绿绣眼鸟
㊺ 红胁绣眼鸟
㊻ 灰喜鹊
㊼ 喜鹊
㊽ 小嘴乌鸦
㊾ 大嘴乌鸦
㊿ 八哥
51 灰椋鸟
52 麻雀
53 燕雀
54 黑头蜡嘴雀
55 锡嘴雀
56 小鹀

紫竹院公园常见鸟类及昆虫

常见鸟类

小䴘䴘 *Tachybaptus ruficollis*

䴘䴘目 Podicipediformes　　䴘䴘科 Podicipedidae

英文名 Little Grebe

描　　述　体小（长 27cm）而矮扁的深色小䴘䴘。虹膜黄色；嘴黑色；
　　　　　脚蓝灰色，趾尖浅色。繁殖羽：喉及前颈偏红色，头顶及颈
　　　　　背深灰褐色；上体褐色，下体偏灰色，具明显黄色嘴斑。非
　　　　　繁殖羽：上体灰褐色，下体白色。

叫　　声　重复高音吱叫声 ke-ke-ke-ke，求偶期相互追逐时常发出此声。

习　　性　喜清水及有丰富水生生物的湖泊、沼泽及涨过水的稻田。常
　　　　　单独或成分散小群活动，繁殖期在水上相互追逐并发出叫声。

分布范围　南小湖。

小白鹭 *Egretta garzetta*

鹳形目 Ciconiiformes 　鹭科 Ardeidae

英文名 Little Egret

描　　述	中等体型（长 60cm）的白色鹭。体型纤瘦。虹膜黄色；脸部裸露皮肤黄绿色，繁殖期为淡粉色；嘴黑色；腿及脚黑色，趾黄色。夏羽的成鸟繁殖时纯白色，颈背着生两条狭长而软的矛状羽，状若双辫，称辫羽；肩和胸着生蓑羽，冬羽时蓑羽常全部脱落。
叫　　声	于繁殖巢群中发出呱呱叫声，其余时候寂静无声。
习　　性	寻食时不结群，而以分散形式或单独在河滩、湖边窥视食物。以小鱼、黄鳝、泥鳅、蛙、虾及鞘翅目、鳞翅目幼虫、水生昆虫等动物性食物为食，也食少量谷物等植物性食物。

池鹭 *Ardeola bacchus*

鹳形目 Ciconiiformes　　鹭科 Ardeidae

英文名 Chinese Pond Heron

描　述　体长约47cm、翼白色、身体具褐色纵纹的鹭。虹膜褐色；嘴黄色（冬季）；腿及脚绿灰色。繁殖羽：头及颈深栗色，胸紫酱色。冬季，站立时具褐色纵纹，飞行时体白色而背部深褐色。

叫　声　通常无声，争吵时发出低沉的呱呱叫声。

习　性　栖息于稻田、池塘、沼泽。喜单只或 3 ～ 5 只结小群在水田或沼泽地中觅食，性不甚畏人。繁殖期营巢于树上或竹林间，巢呈浅圆盘状，由树枝、杉木枯枝、竹枝、茶树枝及菝葜藤等组成，巢内无其他铺垫物。

夜鹭 *Nycticorax nycticorax*

🕊 鹳形目 Ciconiiformes　　🕊 鹭科 Ardeidae

🕊 英文名 Black-crowned Night Heron

描　　述　中等体型（长 61cm）、头大而体壮的黑白色鹭。虹膜亚成鸟黄色，
　　　　　成鸟鲜红色；嘴黑色；脚污黄色。成鸟顶冠黑色，颈及胸白色，颈
　　　　　背具两条白色丝状羽，背黑，两翼及尾灰色。雌鸟体型较雄鸟小，
　　　　　繁殖期腿及眼先成红色。亚成鸟具褐色纵纹及点斑。

叫　　声　飞行时发出深沉喉音 wok 或 kowak-kowak，受惊扰时发出粗哑的
　　　　　呱呱声。

习　　性　白天群栖树上。黄昏时鸟群分散进食，发出深沉的呱呱叫声。取
　　　　　食于稻田、草地及水渠两旁。结群营巢于水上悬枝，甚喧哗。

分布范围　筠石苑、南小湖。

斑头雁 *Anser indicus*

雁形目 Anseriformes　鸭科 Anatidae

英文名 Bar-headed Goose

中文俗名　白头雁、黑纹头雁

描　　述　体长 70 ~ 85cm 的游禽。眼暗棕色；嘴、脚和趾橙黄色，嘴甲黑色。全身羽毛大致灰色，颈部灰褐色。头白色，头顶后部具两道黑色横斑，呈马蹄形，后一道在枕部，较短；头部白色向下延伸，在颈的两侧各形成一道白色纵纹。翅覆羽灰色，外侧初级飞羽灰色，先端黑色，内侧初级飞羽和次级飞羽黑色，腰及尾上覆羽白色，尾灰褐色，具白色端斑。鸣声高而洪亮。

习　　性　具迁徙性。栖息于开阔的沼泽地带，性喜集群，繁殖期、越冬期和迁徙季节均成群活动。

分布范围　2014 年 4 月在南小湖发现一对。

赤麻鸭 *Tadorna ferruginea*

🔵 雁形目 Anseriformes   🔵 鸭科 Anatidae

🔵 英文名 Ruddy Shelduck

描　　述　　体大（长 63cm）的橙栗色鸭类。头皮黄，外形似雁。虹膜褐色；嘴近黑色；脚黑色。雄鸟夏季有狭窄的黑色领围。飞行时白色的翅上覆羽及铜绿色翼镜明显可见。

叫　　声　　声似 aakh 的嘶音低鸣，有时为重复的 pok-pok-pok-pok；雌鸟叫声较雄鸟更为深沉。

习　　性　　营巢于近溪流、湖泊的洞穴；多源于内地湖泊及河流，极少到沿海。

分布范围　　南小湖。

翘鼻麻鸭 *Tadorna tadorna*

🦅 雁形目 Anseriformes　🦆 鸭科 Anatidae

🦅 英文名 Common Shelduck

描　　述　体大（长 60cm）而具醒目色彩的黑白色鸭。绿黑色光亮的头部与鲜红色的嘴及额基部隆起的皮质肉瘤对比强烈。虹膜浅褐色；胸部有一栗色横带；脚红色。雌鸟似雄鸟，但色较暗淡，嘴基肉瘤形小或没有。亚成体褐色斑驳，嘴暗红色，脸侧有白色斑块。

叫　　声　春季多鸣叫；雄鸟发出低哨音，雌鸟发出 gag-ag-ag-ag-ag 叫声。

习　　性　营巢于咸水湖泊的湖岸洞穴，极少营于淡水湖泊。

分布范围　南小湖。

鸳鸯 *Aix galericulata*

🐦 雁形目 Anseriformes 🐦 鸭科 Anatidae

🐦 英文名 Mandarin Duck

描　　述	体小（长 40cm）而色彩艳丽的鸭类。虹膜褐色；脚近黄色。雄鸟有醒目的白色眉纹、金色颈、背部长羽以及拢翼后可直立的独特的棕黄色炫耀性"帆状饰羽"。雌鸟不甚艳丽，亮灰色体羽及雅致的白色眼圈及眼后线，嘴灰色；雄鸟的非婚羽似雌鸟，但嘴为红色。
叫　　声	常安静无声；雄鸟飞行时发出如 hwick 的短哨音，雌鸟发出低咯声。
习　　性	营巢于树上洞穴或河岸，活动于多林木的溪流。
分布范围	南小湖、北小湖、大湖、莲桥、筼石苑。

绿头鸭 *Anas platyrhynchos*

> 雁形目 Anseriformes 鸭科 Anatidae
>
> 英文名 Mallard

描　　述　中等体型（长 58cm）。虹膜褐色；嘴黄色；脚橘黄色。雄鸟头及颈深绿色带光泽，白色颈环使头与栗色胸隔开；雌鸟褐色斑驳，有深色的贯眼纹。

习　　性　多见于湖泊、池塘及河口。

分布范围　南小湖、北小湖、大湖。

斑嘴鸭 *Anas poecilorhyncha*

🛩 雁形目 Anseriformes 　🛩 鸭科 Anatidae

🛩 英文名 Spot-billed Duck

描　　述　体大（长60cm）的深褐色鸭。头色浅，喉及颊皮黄色。虹膜褐色，脚珊瑚红色。嘴黑而嘴端黄且于繁殖期黄色嘴端顶尖有一黑点为本种特征。白色的三级飞羽停栖时有时可见，飞行时甚明显。两性同色，但雌鸟较黯淡。

叫　　声　雄鸟发出粗声的 kreep；雌鸟叫声似家鸭，音往往连续下降。

习　　性　栖息于湖泊、河流及沿海红树林和泻湖。

分布范围　南小湖、北小湖。

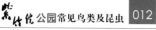

 # 赤嘴潜鸭 *Rhodonessa rufina*

 雁形目 Anseriformes　　鸭科 Anatidae

英文名 Red-crested Pochard

描　　述　体大（长 55cm）的灰黄色鸭。虹膜红褐色；脚雄鸟粉红色，雏鸟灰色。繁殖期雄鸟易识别，锈色的头部和橘红色的嘴与黑色前半身成对比；两胁白色，尾部黑色，翼下羽白色，飞羽在飞行时显而易见。雌鸟褐色，两胁无白色，但脸下、喉及颈侧为白色；额、顶盖及枕部深褐色，眼周色最深，嘴尖黑色带黄色；繁殖后雄鸟似雌鸟，但嘴为红色。

叫　　声　相当少声；求偶炫耀时雄鸟发出呼哧呼哧的喘息声，雌鸟作粗喘似叫声。

习　　性　栖息于有植被或芦苇的湖泊或缓水河流。

分布范围　南小湖。

红头潜鸭 *Aythya ferina*

🦅 雁形目 Anseriformes 🐦 鸭科 Anatidae

🦢 英文名 Common Pochard，Northern Pochard，Pochard

中文俗名　红头鸭、矶凫

描　　述　雄鸟头和上颈栗红色，下颈和胸棕黑色，腰、尾上和尾下覆羽黑色，尾羽灰褐色。雌鸟头、颈棕褐色。红头潜鸭翼镜灰色，飞行时与其余部位对比不明显。虹膜黄色，嘴淡蓝色，基部和先端淡黑色，跗跖和趾铅色。

习　　性　栖息于有丰富水生植物的开阔湖泊、水库等各类水域中。

分布范围　南小湖。

红隼 *Falco tinnunculus*

隼形目 Falconiformes　　隼科 Falconidae

英文名 Common Kestrel

描　述　体小（长 33cm）的赤褐色隼。虹膜褐色；嘴灰色而端黑色，蜡膜黄色；脚黄色。雄鸟头顶及颈背灰色，尾蓝灰无横斑，上体赤褐略具黑色横斑，下体皮黄而具黑色纵纹；雌鸟体型略大，上体全褐色，比雄鸟少赤褐色而多粗横斑。亚成鸟似雌鸟，但纵纹较重。

叫　声　刺耳高叫声 yak yak yak yak yak。

习　性　栖息于山地和旷野中，多单个或成对活动，飞行较高；能捕捉地面上活动的啮齿类动物、小型鸟类及昆虫。

凤头麦鸡 *Vanellus vanellus*

鸻形目 Charadriiformes　鸻科 Charadriidae

英文名 Northern Lapwing

描　述　体型略大（长 30cm）的黑白色麦鸡。具黑色长窄而向上翻起的凤头。上体具绿黑色金属光泽；尾白而具宽的黑色次端带；头顶色深，耳羽黑色，头侧及喉部污白色；胸近黑色；腹白色；虹膜褐色；嘴近黑色；腿及脚橙褐色。

叫　声　拖长的鼻音 pee-wit。

习　性　喜栖息于耕地、稻田或矮草地。

扇尾沙锥 *Capella gallinago*

鸻形目 Charadriiformes   鹬科 Scolopaocidae

英文名 Common Snipe

描　　述　两翼细而尖；嘴长，嘴褐色；脸皮黄色；虹膜褐色，眼部上下
条纹及贯眼纹色深。上体深褐色，具白色及黑色的细纹及蠹
斑；下体淡皮黄色具褐色纵纹。脚橄榄色。

叫　　声　为响亮而有节律的 tick-a, tich-a, tich-a，常于栖处鸣叫；被驱
赶而告警时发出响亮而上扬的大叫声 jett…jett。

习　　性　栖息于冻原和开阔草原上的淡水或盐水湖泊、芦苇塘和沼泽
地。

银鸥 *Larus argentatus*

鸻形目 Charadriiformes　鸥科 Laridae

英文名 European Herring Gull

描　述　体大（长64cm）的浅灰色鸥。腿淡粉红色，上体浅灰色。飞行时初级飞羽外侧羽上具小块翼镜。翼合拢时至少可见6枚白色羽尖。虹膜褐色；嘴深黄色，上具红点；脚红色。

叫　声　响亮的 kleow 叫声，klaow-klaow-kla-ow 的大叫及短促的嘀嘀咕咕声 ge-ge-ge；在繁殖地驱赶其他入侵者时发出愤怒的 ping 声。

习　性　于冬季向南迁徙；有些会永久居住于五大湖及北美洲的东岸；银鸥在内陆的垃圾堆附近生活，有些则生活在城市中。

红嘴鸥 *Larus ridibundus*

鸻形目 Charadriiformes　　鸥科 Laridae

英文名 Common Black-headed Gull

描　　述　中等体型（长 40cm）的灰色及白色鸥。虹膜褐色；眼后具黑色点斑（冬季），嘴及脚红色（亚成鸟嘴尖黑色），深巧克力色的头罩延伸至顶后，于繁殖期延至白色的后颈。翼前缘白色；翼尖的黑色并不长，翼尖无或微具白色点斑。第一冬鸟尾近尖端处具黑色横带，翼后缘黑色，体羽杂褐色斑。

叫　　声　沙哑的 kwar 叫声。

习　　性　在海上时浮于水上或立于漂浮物上，或与其他鸟类混群，在鱼群上作燕鸥样盘旋飞行；于陆地时，停栖于水面或地上。

分布范围　莲桥。

山斑鸠 *Streptopelia orientalis*

鸽形目 Columbiformes　鸠鸽科 Columbidae

英文名 Oriental Turtle Dove

描　述　中等体型的偏粉色斑鸠，成年个体体重 260 ～ 400g，起飞时带有高频"噗噗"声。虹膜黄色；嘴灰色，质软；颈侧具带明显黑白色条纹的块状斑。上体的深色扇贝斑纹体羽羽缘棕色，腰灰色，尾羽近黑色，尾梢浅灰色；下体多偏粉色。脚粉红色。

习　性　分布在西伯利亚中部和中亚地区，冬天大部分种群会迁徙；成对或单独活动，与珠颈斑鸠在食性、活动区域、夜间栖息环境等方面基本相似。

珠颈斑鸠 *Streptopelia chinensis*

鸽形目 Columbiformes　　鸠鸽科 Columbidae

英文名 Spotted Dove

描　　述　人们所熟悉的中等体型（长 30cm）的粉褐色斑鸠。虹膜橘黄色；嘴黑色；尾略显长，外侧尾羽前端的白色甚宽，飞羽较体羽色深。明显特征为颈侧满是白点的黑色块斑。脚红色。

叫　　声　轻柔悦耳的 ter-kuk-kurr 声重复，最后一音加重。

习　　性　珠颈斑鸠与人类共生，栖于村庄周围及稻田，地面取食，常成对立于开阔路面；受干扰后缓缓振翅，贴地而飞。

分布范围　南小湖、筠石苑。

四声杜鹃 *Cuculus micropterus*

鹃形目 Cuculiformes　　杜鹃科 Cuculidae

英文名 Indian Cuckoo

描　　述　中等体型（长 30cm）的偏灰色杜鹃。虹膜红褐色；眼圈黄色；上嘴黑色，下嘴偏绿；脚黄色。似大杜鹃，区别在于尾灰色并具黑色次端斑，且虹膜较暗，灰色头部与深灰色的背部成对比。雌鸟较雄鸟多褐色。

叫　　声　响亮清晰的四声哨音"one more bottle"，不断重复，第四声较低，常在晚上叫。

习　　性　栖息于平原、低山地带树林及农田；常只闻其声不见其鸟。

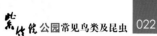

北京雨燕 *Apus apus*

雨燕目 Apodiformes　　雨燕科 Apodidae

英文名 Common Swift

描　　述　体大（长17cm），全身暗色，尾叉中等深浅，喉的颜色略浅。额的颜色浅于头顶，翼外侧颜色较内侧浅。虹膜褐色；嘴黑色；脚黑色。

习　　性　结群营巢于屋檐下或石崖上，巢为泥质；群居，喜高速侧掠并高声大叫。

分布范围　莲桥。

翠鸟 *Alcedo atthis*

🌐 佛法僧目Coraciiformes 🐦 翠鸟科 Alcedinidae

🐦 英文名 Common Kingfisher

描　述　体型较小，具蓝亮色及棕色的翠鸟。虹膜褐色；嘴黑色（雄鸟）；下颚橘黄色（雌鸟）；脚红色。上体呈金属般浅蓝绿色，颈侧具白色点斑，下体橙棕色。幼鸟色黯淡，具深色胸带、橘黄色条带横贯眼部及耳羽。

叫　声　拖长音的尖叫声。

习　性　常出没于开阔郊野的淡水湖泊、溪流、运河、鱼塘及红树林。常栖息于岩石或探出的枝头上，转头四顾寻鱼而入水捉之。

分布范围　南小湖。

星头啄木鸟 *Dendrocopos canicapillus*

- 鴷形目 Piciformes
- 啄木鸟科 Picidae
- 英文名 Grey-cappedpygmy Woodpecker

描　　述　体小，具黑白色条纹的啄木鸟。虹膜淡褐色；嘴灰色；脚绿灰色。下体无红色，头顶灰色；雏鸟眼后上方具红色条纹，近黑色条纹的腹部棕黄色。亚种 nagamichii 少白色肩斑，omissus, nagamichii 及 scintilliceps 背白具黑斑。

习　　性　同其他小型啄木鸟。

分布范围　莲桥。

大斑啄木鸟 *Picoides major*

鴷形目 Piciformes　　啄木鸟科 Picidae

英文名 Great Spotted Woodpecker

描　　述　体型中等的常见黑白相间的啄木鸟。虹膜近红色；嘴灰色；脚
　　　　　灰色。雄鸟枕部具狭窄红色带而雌鸟无。两性臀部均为红色，
　　　　　但带黑色纵纹的近白色胸部上无红色或橙红色；以此有别于
　　　　　相近的赤胸啄木鸟及棕腹啄木鸟。

叫　　声　啄击树干时响亮，并有刺耳尖叫声。

习　　性　典型的本属特性，錾树洞营巢，食昆虫及树皮下的蛴螬。

分布范围　莲桥、筠石苑。

灰头绿啄木鸟 *Picus canus*

🔹 䴕形目 Piciformes　🔹 啄木鸟科 Picidae

🔹 英文名 Grey-headed Woodpecker

描　　述　中等体型的绿色啄木鸟。虹膜红褐色；嘴近灰色；脚蓝色。下体全灰色，颊及喉亦灰色。雄鸟前顶冠猩红色，眼先及狭窄颊纹黑色。枕及尾黑色。雌鸟顶冠灰色而无红斑。嘴相对短而钝。

叫　　声　常有响亮快速、持续至少 1s 的錾木声。

习　　性　怯生谨慎；常活动于小片林地及林缘，亦见于大片林地；有时下至地面寻食蚂蚁。

分布范围　友贤山馆。

家燕 *Hirundo rustica*

🔗 雀形目 Passeriformes 🔗 燕科 Hirundinidae

🔗 英文名 Barn Swallow

描　　述　虹膜褐色；嘴及脚黑色。上体钢蓝色；胸偏红而具一道蓝色胸带，腹白色；尾长而分叉。

叫　　声　高音的喊喊喳喳叫声。

习　　性　活动范围不大，通常在栖息地 $2km^2$ 范围内活动。

金腰燕 *Cecropis daurica*

🔵 雀形目 Passeriformes 🔵 燕科 Hirundinidae

🔵 英文名 Red-rumped Swallow

描　述	体大（长18cm）的燕。虹膜褐色；嘴及脚黑色。浅栗色的腰与深钢蓝色的上体成对比，下体白而多具黑色细纹，尾长而又深。在野外与斑腰燕易混淆，但斑腰燕在中国的分布极有限。
叫　声	飞行时发出尖叫声。
习　性	栖息于低山及平原居民区。
分布范围	筠石苑。

白鹡鸰 *Motacilla alba*

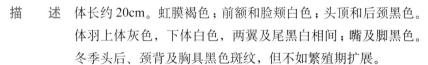

🐦 雀形目 Passeriformes　🐦 鹡鸰科 Motacillidae

🐦 英文名 White Wagtail

描　述　体长约 20cm。虹膜褐色；前额和脸颊白色；头顶和后颈黑色。体羽上体灰色，下体白色，两翼及尾黑白相间；嘴及脚黑色。冬季头后、颈背及胸具黑色斑纹，但不如繁殖期扩展。

习　性　属常见的鸟类，喜滨水活动，多在河溪边、湖沼、水渠等处，在离水较近的耕地、草地、荒坡、路边等处也可见到。

灰鹡鸰 *Motacilla cinerea*

🔹 雀形目 Passeriformes 🔹 鹡鸰科 Motacillidae

🔹 英文名 Grey Wagtail

描　述　中等体型而尾长的偏灰色鹡鸰。虹膜褐色；嘴黑褐色；脚粉灰色。腰黄绿色，下体黄色。与黄鹡鸰的区别在上背灰色，飞行时白色翼斑和黄色的腰显现，且尾较长。成鸟下体黄色，亚成鸟偏白色。

习　性　栖息于河湖岸边、农田、沼泽及村庄等地。以蝗虫、甲虫、松毛虫等为食，是益鸟。

树鹨 *Anthus hodgsoni*

雀形目 Passeriformes　　鹡鸰科 Motacillidae

英文名 Olive-backed Pipit

描　　述　上体纵纹较少，喉及两胁皮黄，胸及两胁黑色纵纹浓密，耳后具白斑。虹膜褐色；下嘴偏粉色，上嘴角质色；脚粉红色。

叫　　声　飞行时发出细而哑的金属摩擦声。

习　　性　多见于杂木林、针叶林、阔叶林、灌木丛及其附近的草地，也见于居民点、田野。

白头鹎 *Pycnontus sinensis*

雀形目 Passeriformes　鹎科 Pycnonotidae

英文名 Light-vented Bulbul

描　　述　中等体型的橄榄色鹎。眼后一白色宽纹伸至颈背，黑色的头顶略具羽冠，髭纹黑色，臀白色，幼鸟头橄榄色，胸具灰色横纹。虹膜褐色；嘴近黑色；脚黑色。

叫　　声　典型的唧唧喳喳颤鸣及简单而无韵律的叫声。

习　　性　性活泼；结群于果树上活动；有时从栖息处飞行捕食。

分布范围　清凉世界、筠石苑、南小湖、北小湖。

八哥 *Acridotheres cristatellus*

🔹 雀形目 Passeriformes 　🔹 椋鸟科 Sturnidae
🔹 英文名 Crested Myna

描　　述　体中等大的黑色鸟类。冠羽突出，虹膜橘黄色；嘴浅黄色，嘴基红色；脚暗黄色。与林八哥的区别在冠羽较长，嘴基部红色或粉红色，尾端育狭窄的白色，尾下覆羽具黑及白色横纹。

习　　性　结小群生活，一般见于旷野或城镇及花园，在地面高视阔步而行。

分布范围　筠石苑、南小湖、北小湖。

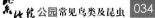

灰椋鸟 *Sturnus cineraceus*

雀形目 Passeriformes　椋鸟科 Sturnidae

英文名 White-cheeked Starling

描　　述　中等体形的棕灰色椋鸟。头黑色，头侧具白色纵纹，臀、外侧是羽端及次级飞羽狭窄横纹白色。虹膜偏红色；嘴黄色，尖端黑色；脚暗橘黄色。雌鸟色浅而暗。

叫　　声　单调的吱吱叫声。

习　　性　群栖性，取食于农田，在远东地区取代紫翅椋鸟。

分布范围　筠石苑。

灰喜鹊 *Cyanopica cyanus*

雀形目 Passeriformes　　鸦科 Corvidae

英文名 Azure-winged Magpie

描　　述　体长逾30cm，体型细长的灰色喜鹊。顶冠、耳羽及后枕黑色，两翼天蓝色，尾长蓝色。虹膜褐色；嘴黑色。

习　　性　性吵嚷，结群栖于开阔松林及阔叶林、公园甚至城镇；飞行时振翼快。

分布范围　紫竹院全园有分布。

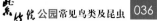

 喜鹊 *Pica pica*

雀形目 Passeriformes 　　鸦科 Corvidae

英文名 Common Magpie

描　　述　体长约45cm。具黑色的长尾，两翼及尾黑色并具蓝色辉光。虹膜褐色；嘴黑色；脚黑色。

叫　　声　叫声为响亮粗哑的嘎嘎声。

习　　性　适应性强，中国北方的农田或城市分布，高大乔木上筑巢，多从地面取食，几乎什么都吃。结小群活动，巢为用树棍胡乱堆搭的拱圆形，经年不变。

分布范围　紫竹院全园有分布。

小嘴乌鸦 *Corvus corone*

🐦 雀形目 Passeriformes 🐦 鸦科 Corvidae

🐦 英文名 Carrion Crow

描　　述　体大（长50cm）的黑色鸦。虹膜褐色；嘴黑色；脚黑色。与秃鼻乌鸦的区别在于嘴基部被黑色羽，与大嘴乌鸦的区别在额弓较低，嘴虽强劲但形显细小。

叫　　声　发出粗哑的嘎嘎叫声。

习　　性　喜结大群栖息。取食于矮草地及农耕地，以无脊椎动物为主要食物，也喜吃垃圾。

分布范围　莲桥附近、南门、南小湖附近。

大嘴乌鸦 *Corvus macrorhynchos*

雀形目 Passeriformes　　鸦科 Corvidae

英文名 Large-billed Crow

描　　述　较大型的黑色乌鸦，体长可逾 40cm。黑色中具有蓝紫色金属光泽。嘴粗厚，头顶显拱圆形，易与小嘴乌鸦区别。

叫　　声　粗哑。

习　　性　栖息于疏林和林缘、林间路旁、河谷、农田、沼泽和草地上；常常单只或成对活动。主要以昆虫及其幼虫和蛹为食，也食植物叶、果及种子等。

分布范围　紫竹院全园有分布。

北红尾鸲 *Phoenicurus auroreus*

雀形目 Passeriformes　　鸫科 Turdidae

英文名 Daurian Redstart

描　述　中等体型而色彩艳丽的红尾鸲。常见。虹膜褐色；嘴黑色；脚黑色。雄鸟下体栗色，雌鸟下体褐色。区别于其他红尾鸲，北红尾鸲雌雄均具有显著的白色倒三角形的翼斑。

叫　声　为一连串轻柔哨音声，也作短而尖的哨音。

习　性　栖息于山地、森林、河谷和居民区附近的灌丛与低矮树丛中；常立在突出的枝条上。主要以鞘翅目、鳞翅目、直翅目等昆虫及其幼虫为食。

虎斑地鸫 *Zoothera dauma*

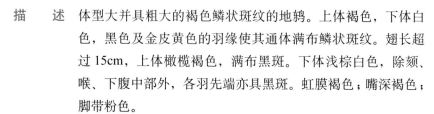

🐾 雀形目 Passeriformes　　🐾 鸫科 Turdidae

🐾 英文名 Scaly Thrush

描　　述　体型大并具粗大的褐色鳞状斑纹的地鸫。上体褐色，下体白色，黑色及金皮黄色的羽缘使其通体满布鳞状斑纹。翅长超过 15cm，上体橄榄褐色，满布黑斑。下体浅棕白色，除颏、喉、下腹中部外，各羽先端亦具黑斑。虹膜褐色；嘴深褐色；脚带粉色。

习　　性　在西藏栖于 2200m 的林区，在东北栖于针叶林、阔叶林或混交林，在青海栖于河谷杨树林下和灌丛中，在云南栖于 1800 ～ 2750m 沟谷林下灌丛或竹林地面，以及在北京栖于灌木林或混交林中。

红喉姬鹟 *Ficedula parva*

雀形目 Passeriformes　　鹟科 Muscicapidae

英文名 Red-breasted Flycatcher

描　述　体型较小的褐色鹟。虹膜深褐色；嘴及脚黑色；尾色暗，基部外侧明显白色。繁殖期雄鸟喉部橙红色，围以偏灰的胸带。雌鸟及非繁殖期雄鸟暗灰褐色，喉近白色，白色眼圈狭窄。

习　　性　主要栖息于针阔混交林和灌丛；常在枝头站立，捕捉过往的昆虫。主要以昆虫为食。

棕头鸦雀 *Paradoxornis webbianus*

🔵 雀形目 Passeriformes　🔵 鸦雀科 Paradoxornithidae

🔵 英文名 Vinous-throated Parrotbill

描　　述　头顶至上背棕红色，上体余部橄榄褐色，翅红棕色，尾暗褐色。喉、胸粉红色，下体余部淡黄褐色。虹膜褐色；嘴灰或褐色，嘴端色较浅；脚粉灰色。

习　　性　栖息于中海拔的灌丛及林缘地带，分布于自东北至西南一线向东的广大地区，为较常见的留鸟。

褐柳莺 *Phylloscopus fuscatus*

雀形目 Passeriformes　莺科 Sylviidae

英文名 Dusky Warbler

描　　述　中等体型的单一褐色柳莺。外形甚显紧凑而墩圆，两翼短圆，尾圆而略凹。下体乳白色，胸及两胁淡黄褐色。上体灰褐色，飞羽有橄榄绿色的翼缘。虹膜褐色；嘴细小，上嘴色深，下嘴偏黄色；腿细长；脚偏褐色。

叫　　声　鸣声为一连串响亮单调的清晰哨音，以一颤音结尾。

习　　性　主要以昆虫为食。

棕眉柳莺 *Phylloscopus armandii*

雀形目 Passeriformes　莺科 Sylviidae

英文名 Yellow-streaked Warbler

描　　述　上体橄榄褐色，飞羽、覆羽及尾缘橄榄色，头具白色的长眉纹，眼先皮黄色，喉部的黄色纵纹常隐约贯胸而至腹部，尾下覆羽黄褐色。

习　　性　常光顾坡面的亚高山云杉林中的柳树及杨树群落。于低灌丛下的地面取食。

黄眉柳莺 *Phylloscopus inornatus*

雀形目 Passeriformes   莺科 Sylviidae

英文名 Yellow-browed Warbler

描　述　中等体型（长 11cm）的鲜艳橄榄绿色柳莺。通常具两道明显
的近白色翼斑，纯白色或乳白色的眉纹而无可辨的顶纹，下
体色彩从白色变至黄绿色。虹膜褐色；上嘴色深，下嘴基黄
色；脚粉褐色。与黄腰柳莺的区别为无浅色顶纹；而与暗绿柳
莺的区别则在体型较小且下嘴色深。

叫　声　吵嚷；不停地发出响亮而上扬的叫声；鸣声为一连串低弱叫
声，音调下降至消失。

习　性　性活泼，常结群，且与其他小型食虫鸟类混合，栖于森林的
中上层。

黄腰柳莺 *Phylloscopus proregulus*

- 雀形目 Passeriformes
- 莺科 Sylviidae
- 英文名 Pallas's Leaf Warbler

描	述	体小型的背部绿色的柳莺。腰柠檬黄色；具两道浅色翼斑；具顶冠纹和黄色眉纹。虹膜褐色；嘴黑色，嘴基橙黄；脚粉红。
叫	声	鸣声洪亮有力，清晰多变。
习	性	栖息于森林和林缘灌丛地带。主要以昆虫及其幼虫为食。

暗绿柳莺 *Phylloscopus trochiloides*

雀形目 Passeriformes　莺科 Sylviidae

英文名 Greenish Warbler

描　　述　体型略小的柳莺。背深绿色；通常仅具一道黄白色翼斑；尾无白色；长眉纹黄白色，偏灰色的顶纹与头侧绿色几无对比。过眼纹深色，耳羽具暗色的细纹。下体灰白，两胁淡橄榄色。眼圈近白，虹膜褐色；上嘴角质色，下嘴偏粉色；脚褐色。

叫　　声　似白鹡鸰；鸣声似山雀。

习　　性　常单只或成对，及小群活动于森林、灌丛、居民点林中；常在树枝间捕食飞行昆虫，多在树冠层，有时也到低树上或灌丛中觅食。

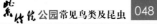

 # 红胁绣眼鸟 *Zosterops erythropleurus*

🐦 雀形目 Passeriformes　🐦 绣眼鸟科 Zosteropidae

🐦 英文名 Chestnut-flanked White-eye

描　　述　体型与暗绿绣眼鸟大小相似。上体灰色较重，胸及两胁栗色。头顶无黄色。虹膜红褐色；嘴橄榄色；脚灰色。

习　　性　性活泼而喧闹，于树顶觅食小型昆虫、小浆果及花蜜。

分布范围　绿云轩。

暗绿绣眼鸟 *Zosterops japonicus*

雀形目 Passeriformes　　绣眼鸟科 Zosteropidae

英文名 Japanese White-eye

描　　述　体型较小而可人的群栖性鸟。虹膜浅褐色；嘴灰色；脚偏灰色。上体鲜亮绿橄榄色，具明显的白色眼圈和黄色的喉及臀部。胸及两胁灰色，腹白色。无红胁绣眼鸟的栗色两胁及灰腹眼鸟腹部的黄色带。

习　　性　性活泼而喧闹，于树顶觅食小型昆虫、小浆果及花蜜。

分布范围　绿云轩。

沼泽山雀 *Parus palustris*

雀形目 Passeriformes　　山雀科 Paridae

英文名 Marsh Tit

描　　述　体型较小的山雀。头顶及颏黑色；虹膜深褐色；嘴偏黑色；脚深灰色。上体偏褐色或橄榄色，下体近白色，两胁皮黄色，无翼斑或项纹。与褐头山雀易混淆但通常无浅色翼故而具闪辉黑色顶冠。

习　　性　一般单独或成对活动，有时加入混合群；喜栎树林及其他落叶林、密丛、树篱、河边林地及果园。

分布范围　双紫渠旁。

黄腹山雀 *Parus venustulus*

🐦 雀形目 Passeriformes   🦅 山雀科 Paridae

🐦 英文名 Yellow-bellied Tit

描　　述　体小(长10cm)而尾短的山雀。虹膜褐色；嘴近黑色，嘴甚短；脚蓝灰色。下体黄色，翼上具两排白色点斑。雄鸟头及胸兜黑色，颊斑及颈后点斑白色，上体蓝灰色，腰银白色。雌鸟头部灰色较重。喉白色，与颊斑之间有灰色的下颊纹，眉略具浅色点。幼鸟似雌鸟，但色暗，上衣多橄榄色。体型较小且无大山雀胸腹部的黑色纵纹。

习　　性　结群栖于林区，有间发性的急剧繁殖；以昆虫及植物种子、果实为食。

分布范围　北小湖。

大山雀 *Parus major*

- 雀形目 Passeriformes　山雀科 Paridae
- 英文名 Great Tit

描　述　体较大而结实的黑、灰及白色山雀。头及喉辉黑，与脸侧白斑及颈背块斑成强烈对比，翼上具一道醒目的白色条纹，一道黑色带沿胸中央而下。虹膜棕色；嘴黑色；脚深灰色。

叫　声　极喜鸣叫。

习　性　常栖于山区和平原林间；性活跃，多技能，时在树顶，时在地面，成对或成小群。

分布范围　南长河。

麻雀 *Passer montanus*

雀形目 Passeriformes　　雀科 Passeridae

英文名 Eurasian Tree Sparrow

描　　述　体型略小而活跃的鸟类。顶冠及颈背褐色。虹膜深褐色；嘴黑色；脚粉褐色。两性同色，成鸟上体近褐色，下体皮黄灰色，颈背具完整的灰白色领环。与家雀的区别在于脸颊具明显黑色点斑且喉部黑色较少，幼鸟似成鸟但色较暗淡，嘴基黄色。

习　　性　栖于有稀疏树木的地区、村庄及农田，并危害农作物。

分布范围　紫竹院。

燕雀 *Fringilla montifringilla*

雀形目 Passeriformes 　燕雀科 Firngillidae

英文名 Brambling

描　　述　中等体型而斑纹分明的壮实型雀鸟。虹膜褐色；嘴黄色，嘴尖黑色；脚粉褐色。胸棕色而腰白色，成年雄鸟头及颈背黑色，背近黑色，腹部白色，两翼及叉形的尾黑色，有醒目的白色"肩"斑和棕色的翼斑，且初级飞羽基部具白色点斑。非繁殖期的雄鸟与繁殖期雌鸟相似，但头部图纹明显为褐、灰及近黑色。

习　　性　喜跳跃和波状飞行；成对或小群活动；于地面或树上取食。

分布范围　竹深荷静。

锡嘴雀 *Coccothraustes coccothraustes*

雀形目 Passeriformes　　燕雀科 Firngillidae

英文名 Hawfinch

描　述　体较大而胖墩的偏褐色雀鸟。虹膜褐色；嘴角质色至近黑色；脚粉褐色。嘴特大而尾较短，具粗显的白色宽肩斑。雄、雌几乎同色。成鸟具狭窄的黑色眼罩；两翼闪灰蓝黑色（雌鸟灰色较重），初级飞羽上端非同寻常地弯而尖；尾暖褐色而略凹，尾端白色狭窄，外侧尾羽具黑色次端斑；两翼的黑白色图纹上下两面均清楚。幼鸟似成鸟但色较深且下体具深色的小点斑及纵纹。

习　性　栖息于平原地区的中龄乔木间，常到小树林和灌丛及农田觅食；以植物果实、种子为食，也食昆虫。

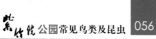

 # 黑头蜡嘴雀 *Eophona personata*

🕊 雀形目 Passeriformes 🕊 燕雀科 Firngillidae

🕊 英文名 Apanese Grosbeak

描　　述　体较大而胖墩墩的雀鸟。虹膜深褐色；嘴黄色，圆锥形，硕大，雌雄同色。臀近灰色，初级飞羽近端处具白色的小块斑。脚粉褐色。

习　　性　较其他蜡嘴雀更喜低地，通常结小群活动；甚惧生而安静。

分布范围　筠石苑。

小鹀 *Emberiza pusilla*

🦅 雀形目 Passeriformes 🦅 鹀科 Emberizidae

🦅 英文名 Little Bunting

描　　述　全长约 13cm。雄鸟夏羽头部赤栗色。头侧线和耳羽后缘黑色，上体余部大致沙褐色，背部具暗褐色纵纹。下体偏白色，胸及两胁具黑色纵纹。雌鸟及雄鸟冬羽羽色较淡，无黑色头侧线。

习　　性　栖息于平原至山地的树林、灌丛、草地及农田；春季结小群，秋季结大群；冬季分散或单独活动；甚胆怯，即使迁徙时也常安静地隐藏在农田、灌丛或草丛中；主要在地面取食草籽、谷物及昆虫。

紫竹院公园常见鸟类及昆虫

常见昆虫

茶翅蝽 *Halyomorpha halys*

半翅目 Hemiptera

蝽科 Pentatomidae

　　成虫体长约 15mm。近椭圆形，扁平，灰褐带紫红色。前胸背板前缘横列黄褐色小点 4 个，小盾片基部横列小点 5 个，腹部两侧黑白相间。初孵若虫近圆形，体为白色，后变为黑褐色，腹部淡橙黄色，老熟若虫与成虫相似，无翅。

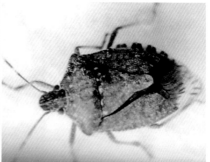

梨冠网蝽 *Stephanotis nashi*

- 半翅目 Hemiptera
- 网蝽科 Tingididae

成虫体长约 3.5mm。扁平，暗褐至黑褐色，具黑斑纹。两侧与前翅均有网状花纹，静止时两翅重叠，中间黑褐色斑纹呈"X"形。卵长椭圆形，淡黄色，略透明。若虫老龄体形似成虫，身体扁平，腹部有锥形刺，初孵时白色，后渐成深褐色。

斑衣蜡蝉 *Lycorma delicatula*

- 同翅目 Homoptera
- 蜡蝉科 Fulgoridae

　　成虫体长 14～22mm，翅展 40～52mm。隆起，附有白色蜡质粉。前翅长卵形，基部 2/3 淡褐色，上有黑斑点 10～20 个；后翅扇形，膜质，基部一半红色，上有黑斑 7～8 个。卵长圆形，灰色。若虫老龄背淡红色。

温室白粉虱 *Trialeurodes vaporariorum*

成虫体长 1.1mm。淡黄色，翅面覆盖白蜡粉，停息时双翅在体上合成屋脊状，如蛾类。1 龄若虫体尾部有毛 1 对；4 龄若虫又称伪蛹，体椭圆形，白色至淡绿色，初期体扁平，逐渐加厚呈蛋糕状（侧面观），中央略高，黄褐色，体背有长短不齐的蜡丝，体侧有刺。

柏大蚜 *Cinara tujafilina*

同翅目 Homoptera

蚜科 Aphididae

有翅孤雌蚜体长 3 ～ 3.5mm，头胸黑褐色，腹部红褐色。无翅孤雌胎生蚜体长 3.7 ～ 4mm，红褐色，有时被薄蜡粉，密生淡黄色细毛。卵椭圆形，初产黄绿色，后浅棕至黑色。若蚜与无翅孤雌蚜相似，暗绿色。

油松大蚜 *Cinara pinea*

　　成虫体型大，赤黑至黑褐色。无翅型均为雌性，体粗壮，腹部圆，其上散生黑色粒状突瘤，有时体上被有灰白色蜡粉；有翅型身体短棒状，体长2.6 ～ 3.1mm，黑褐色，有黑色刚毛。前翅近前缘有一宽黑带纹。卵黑色，长椭圆形。若虫体态与无翅成虫相似。

柳瘤大蚜 *Tuberolachnus salignus*

同翅目 Homoptera

蚜科 Aphididae

　　无翅孤雌胎生蚜体长 3.5 ～ 4.5mm，灰黑或黑灰色，全体密被细毛。有翅孤雌胎生蚜体长约 4mm，头、胸部色深，腹部色浅，翅透明。大量发生时，所分泌的蜜露如下微雨，地面上有层褐色黏液。

梁傢林　摄

桃蚜 *Myzus persicae*

- 同翅目 Homoptera
- 蚜科 Aphididae

无翅孤雌胎生雌蚜体长约 2.2mm，卵圆形；春季黄绿色，夏季白至淡黄绿色，秋季褐至赤褐色；复眼红色。有翅孤雌胎生雌蚜体长约 2.2mm，头、胸部黑色，腹部深褐色、淡绿色、橘红色。卵长椭圆形，初产淡绿色，后变漆黑色。若蚜体与无翅雌蚜相似，无翅雌蚜赤褐或橘红色。

梁僚林 摄

桃粉大尾蚜 *Hyalopterus amygdali*

同翅目 Homoptera

蚜科 Aphididae

　　成虫有翅孤雌胎生蚜长卵形，头、胸部黑色，胸部有黑瘤，腹部绿色，体被一薄层白粉。无翅孤雌胎生蚜长椭圆形，绿色，体表覆白色粉。卵初产绿色，渐变黑绿色。若蚜体与无翅成蚜相似，体较小，淡黄绿色，体上有一层白粉。

草履蚧 *Drosicha contrahens*

同翅目 Homoptera

绵蚧科 Monophlebidae

雌成虫体长 7.8 ~ 10mm，宽 4 ~ 5.5mm，椭圆形，形似草鞋，背略突起，腹面平，体被暗褐色，边缘橘黄色，背中线淡褐色；体多横皱褶和纵沟；体被白色蜡粉。雄成虫体长 5 ~ 6mm，紫红色；翅 1 对。卵椭圆形，外被粉白色卵囊。若虫体灰褐色，外形似雌成虫。

柳刺皮瘿螨 *Aculops niphocladae*

<蜱螨目 Arachnoidae

<瘿螨科 Eriophyidae

　　雌螨体长约 0.2mm。纺锤形，扁平，黄棕色；足 2 对，基节不光滑，具短条饰纹。受害叶片表面产生组织增生，形成珠状叶瘿，每个叶瘿在叶背只有 1 个开口，螨体经此口转移危害，形成新的虫瘿，被害叶片上常有数十个虫瘿。

柳厚壁叶蜂 *Pontania* sp.

膜翅目 Hymenoptera

叶蜂科 Tenthredinidae

成虫雌体长 5.7 ～ 7.3mm，体土黄色，头部土黄色。卵长圆形，淡黄色。幼虫老熟时体长 6 ～ 13.5mm，黄白色，稍弯曲，体表光滑有背皱。蛹黄白色。茧长椭圆形。幼虫孵化后就地啃食叶肉，受害部位逐渐肿起，最后形成虫瘿。柳树普遍发生。

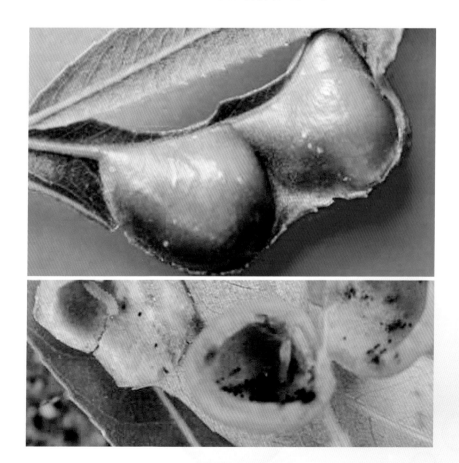

玫瑰三节叶蜂 *Arge pagana*

膜翅目 Hymenoptera

三节叶蜂科 Argidae

成虫体长 8 ~ 9mm，翅展约 17mm，呈褐色状。雌成虫头、胸及足黑色；翅黑色，具金属蓝光泽；中胸背面尖"X"形凹陷。腹部暗橙黄色。雌蜂产卵器发达，呈并合的双镰刀状。触角黑色鞭状；复眼黑色。卵椭圆形。幼虫黄绿色，头黄褐色，4 龄后体色由绿变黄。

月季三节叶蜂 *Arge geei*

膜翅目 Hymenoptera

三节叶蜂科 Argidae

成虫头、胸黑色，微具蓝色金属光泽，腹部浅黄褐色，足黑色。前翅烟色，后翅透明。卵肾形，奶白色至浅黄色，光滑。幼虫老熟体，头亮褐色，体和足浅绿色。

柳圆叶甲 *Plagiodera versicolora*

鞘翅目 Coleoptera

叶甲科 Chrysomeloidae

成虫体长约 4mm。头小，横宽，刻点细密；前胸背板横宽、光滑，鞘翅铜绿色，上刻点粗密而深；卵圆形，背很拱凸，全体深蓝色，有金属光泽，体色变异大，还有完全棕黄色。幼虫老龄体长约 6mm，扁平，灰黄色。

柳细蛾 *Lithocolletis pastorella*

鳞翅目 Lepidoptera

细蛾科 Gracilariidae

成虫体长约 3mm，翅展约 9mm。银白色，有铜色花纹；翅后半部有铜色波状横带 3 条，外缘中部有长形黑斑。幼虫体淡黄色。

柳丽细蛾 *Caloptilia chrysolampra*

鳞翅目 Lepidoptera

细蛾科 Gracilariidae

　　成虫体长约4mm，翅展约12mm。前翅淡黄色，近中段有三角形斑1个，其顶角达后缘，后缘从翅基部至三角斑处有条斑1个，停落时两翅上的条斑汇合在体背上呈灰白色锥形斑，翅的缘毛较长，淡灰褐色，尖端的缘毛为黑色或带黑点；顶端翅面上有褐斑纹。

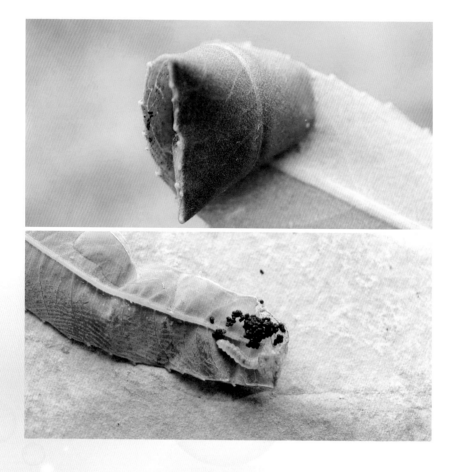

元宝枫花细蛾 *Caloptilia dentate*

　　成虫分夏型与越冬型。夏型体长约 4.3mm，触角长过于体；胸部黑褐色，腹背灰褐色，腹面白色；前翅狭长，翅缘有黄褐色长缘毛，由黑、褐、黄、白色鳞片组成，翅中有金黄色三角形大斑 1 个；后翅灰色，缘毛较长。越冬型体型稍大，体色较深。

黄杨绢野螟 *Diaphania perspectalis*

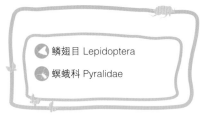

鳞翅目 Lepidoptera

螟蛾科 Pyralidae

　　成虫体绢白色，前翅半透明，有绢丝光泽，前缘褐色，外缘、后缘有褐色带，中室内有两个白点，一个细小，另一个弯曲成新月形；后翅白色，外缘有较宽的褐色边缘。幼虫头黑褐色，胸腹部浓绿色，背线、腹线明显。

黄刺蛾 *Cnidocampa flavescens*

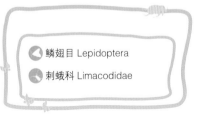

鳞翅目 Lepidoptera

刺蛾科 Limacodidae

成虫体长 10 ～ 13mm。头、胸黄色，腹黄褐色；前翅基半部黄色，外半部黄褐色，有斜线呈"V"字形 2 条，为内侧黄色与外侧褐色的分界线；后翅黄、黄褐色。幼虫老熟时黄绿色。

绿刺蛾 *Latoia sinica*

鳞翅目 Lepidoptera

刺蛾科 Limacodidae

　　成虫体长约 12mm。头、胸及前翅绿色，翅基外缘褐色，后翅灰褐色。卵椭圆形，黄色。幼虫老熟时体黄绿色，背线由双行蓝绿色点纹组成，侧线灰色。

梁傢林　摄

梁傢林　摄

双齿绿刺蛾 *Parasa hilarata*

鳞翅目 Lepidoptera

刺蛾科 Limacodidae

成虫头、胸背绿色，腹部黄色；前翅绿色，翅基部有放射状褐斑 1 个，外缘为棕色宽带，带内侧有齿形突大小各 1 个，近臀角处为双齿状宽带；后翅黄白色；腹背苍黄色。幼虫体长 17mm，头顶有两个黑点；体黄绿至粉绿色，背线天蓝色，两侧有蓝色线。

扁刺蛾 *Thosea sinensis*

鳞翅目 Lepidoptera

刺蛾科 Limacodidae

成虫体长 14 ~ 17mm。灰褐色，腹面及足深。前翅灰褐色，稍带紫色，中室的前方有一明显的暗褐色斜纹，自前缘近顶角处向后缘斜伸。幼虫老熟时体椭圆形，扁平，背面稍隆起，淡鲜绿色，背中有贯穿头尾的白色纵线 1 条。

丝棉木金星尺蠖 *Abraxas suspecta*

鳞翅目 Lepidoptera

尺蛾科 Geometridae

体长约 33mm，翅展 38mm。头部黑褐色，腹部黄色。翅白色，翅面具有浅灰和黄褐色斑纹；前翅中室有近圆形斑，翅基部有深黄、褐色、灰色花斑；后翅面散有稀疏灰色斑纹。卵长圆形，灰绿色，卵表有网纹。幼虫黑色，前胸背板黄色，上有近方形黑斑 5 个。

国槐尺蠖 *Semiothisa cinerearia*

鳞翅目 Lepidoptera

尺蛾科 Geometridae

成虫体黄褐至灰褐色，触角丝状。前、后翅面上均有深褐色波状纹3条。幼虫体两型，春型老龄粉绿色，老熟体紫粉色；秋型老龄粉绿色稍带蓝，头部、背线黑色，每节中央成黑色"十"字形，腹面黄绿色。

杨扇舟蛾 *Clostera anachoreta*

鳞翅目 Lepidoptera

舟蛾科 Notodontidae

成虫体长约15mm，灰褐色。前翅灰褐色，扇形，有灰白色横带4条，前翅顶角处有一个灰褐色扇形大斑1块。幼虫体灰赭褐色，全身密被灰黄色长毛；头部黑褐色，每节有环形排列的橙红色瘤8个，其上有长毛，两侧各有较大的黑瘤1个。

 舞毒蛾 *Lymantria dispa*

鳞翅目 Lepidoptera

毒蛾科 Lymantridae

雄成虫体长约20mm，前翅茶褐色，有波状横带，外缘呈深色带状，中室中央有一黑点；雌虫体长约30mm，前翅黄白色，每两条脉纹间有一个黑褐色斑点。卵圆形稍扁，初产杏黄色，数百千粒成卵块。幼虫老熟时体长50～70mm，头黄褐色，有"八"字形黑色纹。

柳毒蛾 *Leucoma candida*

鳞翅目 Lepidoptera

毒蛾科 Lymantridae

　　成虫全体白色，具丝绢光泽，足胫节和附节生有黑白相间的环纹。末龄幼虫体长 35～45mm，背部灰黑色混有黄色；背线褐色，两侧黑褐色，身体各节具瘤状突起，其上簇生黄白色长毛。

美国白蛾 *Hyphantria cunea*

鳞翅目 Lepidoptera

灯蛾科 Arctiidae

白色中型蛾子，体长 9 ~ 15mm，复眼黑褐色。雌蛾前翅通常无斑；雄蛾前翅无斑至较密的褐色斑。前足基节橘黄色，有黑斑，腿节端部橘红色。雄成虫触角黑色，栉齿状。幼虫老熟时各节毛瘤发达，体被有深褐色至黑色宽纵带1条，带内有黑色毛瘤。

黄褐天幕毛虫 *Malacosoma neustria testacea*

- 鳞翅目 Lepidoptera
- 枯叶蛾科 Lasiocampidae

雄成虫体长 13 ～ 14mm，翅展 24 ～ 32mm，黄褐色。雌成虫体长约 20mm，翅展 40 ～ 50mm，体翅褐黄色，前翅中部均有深褐色横线 2 条，线间为褐色宽带。幼虫初孵时体黑色，老熟时头灰蓝色。

豆天蛾 *Clanis bilineata tsingtauica*

鳞翅目 Lepidoptera

天蛾科 Sphingidae

成虫体、翅灰黄色。前翅前缘近中央处有淡白色半圆形斑 1 个，中部至外缘有横波纹数条。幼虫 2、3 龄体色淡，头冠缝两侧向上隆起成单缝，正面观成三角形；老龄淡绿色，头深绿色；腹节两侧有黄色斜纹。

霜天蛾 *Psilogramma menephron*

鳞翅目 Lepidoptera

天蛾科 Sphingidae

成虫体长约 50mm。灰白或灰褐色；体被有棕黑色线纹；前翅有棕黑色波状纹，顶角有黑色半月形斑 1 个。幼虫老熟绿色，较粗大，体侧有白色或褐色斜纹，尾角绿色或褐色。

菜粉蝶 *Pieris rapae*

◀ 鳞翅目 Lepidoptera

◀ 粉蝶科 Pieridae

　　成虫体长约 17mm，翅展 50mm。体黑色，有白色绒毛；前、后翅为粉白色，前翅顶角有黑斑 2 个。卵长瓶形，表面有网纹。幼虫老熟时长约 35mm，体青绿色，背中线为黄色细线，体表密布黑色瘤状突起，着生短细毛。

梁傢林 摄

合欢吉丁虫 *Chrysochroa fulminans*

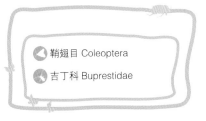

鞘翅目 Coleoptera

吉丁科 Buprestidae

　　成虫体长约4mm。头顶平直，铜绿色，稍带有金属光泽。幼虫老熟时体乳白色，头小，黑褐色，胸部较宽，腹部较细，无足，形态似"钉子"状。

光肩星天牛 *Anoplophora glabripennis*

鞘翅目 Coleoptera

天牛科 Cerambycidae

成虫体长 20 ～ 35mm，宽 8 ～ 12mm。体黑色而有光泽；前胸两侧各有刺突 1 个，翅鞘上各有大小不同、排列不整齐的白色或黄色绒斑约 20 个，鞘翅基部光滑无小颗粒。幼虫老熟时体长 50mm，白色。

桃红颈天牛 *Aromia bungii*

鞘翅目 Coleoptera

天牛科 Cerambycidae

　　成虫体长 28 ~ 37mm。体黑色发亮，前胸棕红色或黑色，密布横皱，两侧各有刺突 1 个，背面有瘤突 4 个，鞘翅表面光滑。幼虫老熟时乳白色，长条形；前胸最宽。

双条杉天牛 *Semanotus bifasciatus*

鞘翅目 Coleoptera

天牛科 Cerambycidae

成虫体长约 16mm。圆筒形，略扁，黑褐色至棕色。前翅中央及末端具2 条黑色横宽带，两黑带间为棕黄色，翅前端驼色。卵长 1.6mm，长椭圆形，白色。末龄幼虫体长 15mm，乳白色，圆筒形略扁，无足。蛹长约 15mm，浅黄色。

臭椿沟眶象 *Eucryptorrhynchus brandti*

鞘翅目 Coleoptera

象甲科 Curculionidae

成虫体长约11.5mm，宽约4.6mm。体黑色；额部窄，中间无凹窝，头部布有小刻点；前胸背板几乎全部白色，刻点几乎无或小而浅；鞘翅坚硬，肩部和后端部几乎全为白色，上密布粗大刻点。卵长圆形，黄白色。幼虫乳白色。

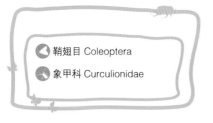

沟眶象 *Eucryptorrhynchus chinensis*

鞘翅目 Coleoptera

象甲科 Curculionidae

成虫体长 13.5 ~ 18.5mm。黑色；头部刻点大而深；前胸背板多为黑、赭色，刻点大而深；胸部背面、前翅肩部及端部首 1/3 处密被白色鳞片，并杂有赭色鳞片，前翅基部外侧向外突出，中部花纹似龟纹，鞘翅上刻点粗。幼虫体圆形，乳白色，体长约 30mm。

梁傢林 摄

国槐小卷蛾 *Cydia trasias*

鳞翅目 Lepidoptera

卷蛾科 Tortricidae

　　成虫体长约 5mm。黑褐色，胸部有蓝紫色闪光鳞片。前翅灰褐至灰黑色，从前缘 1/2 处到顶角由深褐色、黄灰色鳞片组成相间的 4 个斜向外缘的白色短斜纹。幼虫体圆柱形，淡黄色，透明。

松梢斑螟 *Dioryctria rubella*

鳞翅目 Lepidoptera

螟蛾科 Pyralidae

成虫体长10～16mm，翅展约24mm。触角丝状；前翅灰褐色，翅面上有白色横纹4条，中室端有一肾形大白点。后翅灰褐色，无斑纹。幼虫老熟时体长约25mm，暗赤色，各体节上有成对明显的黑褐色瘤，其上各生白毛1根。

东方蝼蛄 *Gryllotalpa orientalis*

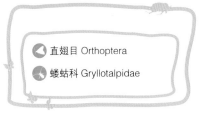

直翅目 Orthoptera

蝼蛄科 Gryllotalpidae

　　成虫体长约 32mm。灰褐色，梭形；全身密布细毛；头圆锥形，触角丝状；前胸背板卵圆形，中间具明显的暗红色长心脏形凹陷斑 1 个；前足为开掘足；腹部尾须 2 根。卵椭圆形，乳白至暗紫色。若虫体黑褐色，只有翅蚜。

梁像林　摄

铜绿异丽金龟 *Anomala corpulenta*

鞘翅目 Coleoptera

丽金龟科 Rutelidae

成虫体长 20mm，宽 10mm。背面铜绿色，有光泽；头部较大，深铜绿色；鞘翅纵肋 3 条，上有三角形黑斑 1 个。卵近球形，乳白至淡黄色，表面光滑。幼虫老龄体长约 40mm，头部暗黄色，近圆形。

小地老虎 *Agrotis ypsilon*

鳞翅目 Lepidoptera

夜蛾科 Noctuidae

　　成虫体长约20mm，翅展为50mm。灰褐色；前翅面上的环状纹、肾形斑和剑纹均为黑色，明显易见；后翅灰白色。卵扁圆形，有网纹。幼虫老熟时体长约50mm，灰褐或黑褐色；体表粗糙，有黑粒点，背中线明显。

龟纹瓢虫 *Propylaea japonica*

鞘翅目 Coleoptera

瓢虫科 Coccinellidae

成虫体长 3.4 ~ 4.5mm，体宽 2.5 ~ 3.2mm。外观变化极大；标准型翅鞘上的黑色斑呈龟纹状；无纹型翅鞘除接缝处有黑线外，全为单纯橙色；另外尚有四黑斑型、前二黑斑型、后二黑斑型等不同的变化。

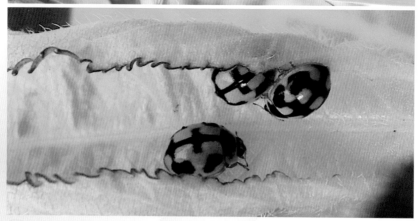

异色瓢虫 *Harmonia axyridis*

鞘翅目Coleoptera

瓢虫科 Coccinellidae

体卵圆形，突肩形拱起，但外缘向外平展的部分较窄。体色和斑纹变异很大。头部橙黄色、橙红色或黑色。雌虫：体长 5.4 ~ 8mm；宽 3.8 ~ 5.2mm。雄虫：第五腹板后缘弧形内凹；第六腹板后缘半圆形内凹。为捕食性天敌，是保护的益虫。

大草蛉 *Sympetrum croceolum*

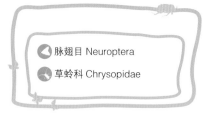

脉翅目 Neuroptera

草蛉科 Chrysopidae

　　成虫体长约 14mm，翅展约 35mm。黄绿色，有黑斑纹。头部触角 1 对，细长，丝状，除基部 2 节与头同样为黄绿色外，其余均为黄褐色；复眼很大，呈半球状，突出于头部两侧，呈金黄色；头上有 2 ~ 7 个黑斑，常见的多为 4 个或 5 个斑。

黄蜻蜓 *Pantala flavescens*

蜻蜓目Odonota

蜻科 Libellulidae

体型较大，翅长而窄，膜质，网状翅脉极清晰。视觉极灵敏，单眼3个；触角1对，细而短；咀嚼式口器发达。腹部细长、扁形或呈圆筒形，末端有肛附器。足细而弱，上有钩刺，可在空中飞行时捕捉昆虫。幼虫（稚虫）在水中发育，用直肠气管鳃呼吸。

梁像林 摄

参考文献
Reference

约翰·马敬能, 卡伦·菲里普斯, 何芬奇. 中国鸟类野外手册 [M]. 长沙 : 湖南教育出版社 ,2000.

郑光美. 世界鸟类分类与分布名录 [M]. 北京 : 科学出版社 , 2002.

蔡其侃. 北京鸟类志 [M]. 北京 : 北京出版社 , 1987.

郑作新. 中国鸟类种和亚种分类名路大全 [M]. 北京 : 科学出版社 , 1994.

赵欣茹. 北京鸟类图鉴 [M]. 北京 : 中国林业出版社 , 1999.

自然之友野鸟会. 北京地区常见野鸟图鉴 [M]. 北京 : 机械工业出版社 , 2014.

自然之友. 北京野鸟图鉴 [M]. 北京 : 北京出版社 , 1999.

郭铁英, 杨均炜, 曲媛媛, 等. 北京紫竹院公园鸟类群落多样性分析 [J]. 四川动物 , Vol. 2010,29（6）: 975~980.

柴文菡, 白静文, 陈卫. 北京玉渊潭公园鸟类群落特征 [J]. 四川动物 , Vol. 2007,26（3）: 557~560.

徐公天, 杨志华. 中国园林害虫 [M]. 北京 : 中国林业出版社 , 2007.

徐公天. 园林植物病虫害防治原色图谱 [M]. 北京 : 中国农业出版社 , 2003.

中文名索引

（页码字体加粗的中文名是正名，其他为异名）

拉丁名索引